BEI GRIN MACHT SICH IHR WISSEN BEZAHLT

- Wir veröffentlichen Ihre Hausarbeit, Bachelor- und Masterarbeit

- Ihr eigenes eBook und Buch - weltweit in allen wichtigen Shops

- Verdienen Sie an jedem Verkauf

Jetzt bei www.GRIN.com hochladen und kostenlos publizieren

Sylvia Lorenz

Kriminalgeographie - Kritik zur räumlichen Fixierung von Kriminalität und (Un-)Sicherheit

GRIN Verlag

Bibliografische Information der Deutschen Nationalbibliothek:

Die Deutsche Bibliothek verzeichnet diese Publikation in der Deutschen National-
bibliografie; detaillierte bibliografische Daten sind im Internet über http://dnb.d-
nb.de/ abrufbar.

Impressum:

Copyright © 2011 GRIN Verlag GmbH
Druck und Bindung: Books on Demand GmbH, Norderstedt Germany
ISBN: 978-3-656-19625-9

Dieses Buch bei GRIN:

http://www.grin.com/de/e-book/194402/kriminalgeographie-kritik-zur-raeumlichen-
fixierung-von-kriminalitaet

Christian-Albrechts-Universität zu Kiel

Mathematisch-Naturwissenschaftliche Fakultät

Geographisches Institut

Seminar: „Sozialgeographie"

Hausarbeit WS 2010/11

**Kriminalgeographie. Kritik zur räumlichen Fixierung von Kriminalität
und (Un-)Sicherheit**

vorgelegt von: Sylvia Lorenz

Fachsemester: 1. Semester Stadt- und Regionalentwicklung

Master of Science

Kiel, 07. April 2011

Inhaltsverzeichnis

1 Einleitung

Die Begriffe „Kriminalität" und „(Un-)Sicherheit" sind in der modernen Gesellschaft und in der öffentlichen sowie in der wissenschaftlichen Diskussion als natürliche Erscheinungsform des gesellschaftlichen Lebens allgegenwärtig.

Seit Mitte der 70er Jahre werden Kriminalitätskartierungen mit großer Emotionalität gefertigt. Methodik und Vorarbeit stellen Wissenschaften zur Verfügung, welche im deutschsprachigen Raum als „Kriminalgeographie" und „Kriminologische Regionalanalyse" betitelt werden (BELINA, B. 2007: 241).

Die Thematiken „Kriminalität" und „(Un-)Sicherheit" ermöglichen insbesondere der modernen Humangeographie neue und aufschlussreiche Ansatzpunkte. Insofern lässt sich aufzeigen, in welchem Umfang räumliche Zuschreibungen und Bedeutungen mit den obigen Themenfeldern in Verbindung gebracht werden (ROLFES, M. 2008: 4). Ausdrücke wie Ghetto, Kriminalitätsbrennpunkt, Angstraum, nogo-area oder einfach nur Berliner Bahnhof Zoo werden zum Synonym für Kriminalität oder Unsicherheit und deuten darauf hin, dass Diskussionsansätze für eine Verräumlichung von Kriminalität und Unsicherheit vorherrschen. Insofern werden Stadtviertel, Straßenzüge oder Plätze als potenziell kriminelle oder unsichere Räume erschaffen (GLASZE, G.; PÜTZ, R.; ROLFES, M. 2005: 13). Insbesondere Medien, Politik und Polizei tragen dazu bei, dass eine Lokalisierung von Kriminalität und Unsicherheit in bestimmten Gegenden Teil des Alltagsverständnisses wird (BELINA, B. 2007: 241).

Im Hinblick auf die Verräumlichung von Kriminalität und (Un-)Sicherheit wird in der vorliegenden Arbeit verdeutlicht, inwiefern kriminalgeographische Arbeiten und darauf folgende kriminalpräventive Maßnahmen für die Regionalwissenschaft und die Humangeographie ein diskussionswürdiges Instrument sind. Dabei werden sowohl methodische als auch interpretative Defizite aufgezeigt.

2 Die traditionelle Kriminalgeographie

2.1 Begriff der Kriminalgeographie

Für den Begriff „Kriminalgeographie" gibt es je nach Forschungsperspektive oder Schwerpunktsetzung zahlreiche Definitionen mit den unterschiedlichsten Inhalten. Dennoch besitzen diese in der Darstellung von Zusammenhängen zwischen Kriminalität und Raumstruktur eine Gemeinsamkeit.

Auf der einen Seite beinhaltet die Kriminalgeographie einen beschreibenden Ansatz, die sog. Kriminalitätsverteilungslehre bzw. die kriminalistische Kriminalgeographie. Nach dem ehemaligen Präsidenten des Bundeskriminalamtes HEROLD (1977) ist „die Kriminalgeographie … die Wissenschaft von den Beziehungen, die zwischen der spezifischen Struktur eines Raumes und der in ihm örtlich und zeitlich anfallenden Kriminalität bestehen" (SCHWIND, H.-D. 2010: 320).

Auf der Anderen Seite gibt es den erklärenden Ansatz; die sogenannte kriminologische Kriminalgeographie. Gemäß SCHWIND, ehemaliger Niedersächsischer Justizminister, ist die Kriminalgeographie der „Zweig der kriminologisch-kriminalistischen Forschung, der kriminelles Verhalten in seiner raumzeitlichen Verteilung erfasst und durch spezifische raumzeitliche Verteilungs- und Verknüpfungsmuster demographischer, wirtschaftlicher, sozialer, psychischer und kultureller Einflussgrößen zu erklären versucht und zwar mit dem Ziel der (primär vorbeugenden) Verbrechensbekämpfung" (SCHWIND, H.-D. 2010: 320). SCHWIND vereint beide Ansätze. Für ihn spielen, neben der Darstellung von Zusammenhängen zwischen Kriminalität und Raum, auch die kriminalpräventiven Maßnahmen eine bedeutende Rolle.

2.2 Geschichte der Kriminalgeographie

Die Kriminalgeographie fand ihre Anfänge im 19. Jahrhundert mit dem Franzosen André Michel GUERRY (1802-1866) und dem Belgier Adolphe QUETELET (1796-1874). Im Jahre 1833 stellte der Kriminalstatistiker GUERRY zum ersten Mal die in Frankreich zwischen 1825 und 1830 verübten Straftaten auf einer Karte dar. Ebenso tat dies der Statistiker

QUETELET. GUERRY und QUETELET hatten das Ziel, die Kriminalitätshäufigkeit in Abhängigkeit zum Raum darzustellen. Darüber hinaus waren Merkmale wie die soziale Schicht, das Geschlecht und das Alter der Täter von Interesse (KASPERZAK, T. 2000: 13).

Anfang des 20. Jahrhunderts lieferte die Chicago-Schule, unter dem „sozialökologischen Ansatz", Erklärungsansätze zur Beziehung zwischen dem geographischen Raum und dem dortigen Kriminalitätsaufkommen. Aufgrund der zunehmenden sozialen Probleme, die zu dieser Zeit mit Verstädterung einhergingen, entstand unter Clifford R. SHAW der Begriff der „Delinquency Areas" (FELTES, T. 2010). Seine Studie bezog sich auf 60.000 in Chicago lebende männliche Jugendliche Verschiedenste nordamerikanische Städte wurden nach dem ökologischen Ansatz von SHAW und seinem Assistenten MCKAY untersucht (Universität Hamburg).

In Anlehnung an die statistischen Werke QUETELETS wurde der kriminalistische Forschungszweig in anderen Ländern bekannt. Große Bedeutung gewann die Kriminalgeographie in westdeutschen Großstädten zu Beginn der 1970er Jahre (ROLFES, M. 2003: 330). Zudem kam es durch die starke internationale Zuwanderung in den 1980/90er Jahren und die damit verbundene Diskussionen über Integration und Integrationsprobleme von Migranten zu einer Sensibilisierung der Öffentlichkeit und der Politik für die Themen Sicherheit und Kriminalität (OEVERMANN, M. et al. 2008: 6).

Die ersten deutschen kriminalgeographische Arbeiten wurden u.a. von Horst HEROLD (1968: „Kriminalgeographie- Ermittlung und Untersuchung der Beziehung zwischen Raum und Kriminalität") und Hans-Dieter SCHWIND/ Wilfried AHLBORN/ Rüdiger WEIß (1978: „Empirische Kriminalgeographie (Kriminalitätsatlas Bochum)" verfasst (SCHWIND 2010: 319). Insofern führten HEROLD und SCHWIND Ende der 1970er Jahre und während der 1980er Jahre raumbezogene Analysen in die angewandte Kriminologie ein. Das Kriminalitätsaufkommen und dessen Verteilung wurden insofern verstärkt in regionalisierter Form betrachtet (OEVERMANN, M. et al. 2008: 6).

Die Erkenntnisse der kriminalgeographischen Forschung beeinflussen heutzutage viele Arbeitsbereiche. Hinsichtlich der kommunalen Kriminalprävention können für die polizeilichen Streifenfahrten Einsatzschwerpunkte festgelegt werden. Studien, welche einen mittelbaren Zusammenhang zwischen Sozial- und Baustruktur und Kriminalität belegen, sind sowohl für Stadtplanung und Stadtentwicklung als auch für Sozial- und Kommunalpolitik oder Sozialarbeit von großer Bedeutung (FELTES, T. 2010).

3 Praxisrelevanz – Kriminologische Regionalanalysen

Die Themen (Un-)Sicherheit und Kriminalität standen insbesondere in den 1990er Jahren im Mittelpunkt jeglicher Betrachtungen, sodass bundes- und europaweit in zahlreichen Städten, Gemeinden und Landkreisen Kriminologische Regionalanalysen erstellt wurden. Die Kriminalgeographie liefert dabei Methoden und Instrumente für die Durchführung kriminologischer Regionalanalysen (GLASZE, G.; PÜTZ, R.; ROLFES, M. 2005: 24).

Aufgabe Kriminologischer Regionalanalysen ist die Situationsbeschreibung und -analyse eines vorab festgelegten Raumes bzw. einer Raumeinheit. Im Zuge dessen werden nach einer geographischen Darstellung der Untersuchungsregion, kleinräumliche Daten zum Kriminalitätsaufkommen bzw. die Kriminalitätsverteilung, kleinräumig differenzierte Wirtschaft-, Sozial- und Bevölkerungsdaten, Ergebnisse von Bevölkerungsbefragungen, justizielle Daten und Informationen über die Instanzen der Sozialkontrolle zusammengetragen und in Beziehung gesetzt. Insofern soll nicht nur eine Beschreibung der räumlichen Kriminalitätsverteilung stattfinden, sondern auch eine Analyse der Ursachen von Kriminalität. Aus Sicht der Kriminologen ist die Kriminologische Regionalanalyse ein Instrument zur Kriminalitätsbeobachtung, -analyse und -prognose (LUFF J. 2004: 4).

Im Folgenden wird die Gliederung einer Kriminologischen Regionalanalyse aufgezeigt.
Nach einer kleinräumlichen Darstellung geographischer, ökonomischer, sozialer und demographischer Besonderheiten der Untersuchungsregion beschreiben Kriminologische Regionalanalysen zunächst die räumliche bzw. raumzeitliche Verteilung von Kriminalität bzw. kriminellem Verhalten auf Stadtteil- bzw. Quartiersebene (GLASZE, G.; PÜTZ, R.; ROLFES, M. 2005: 18). Es wird das sog. objektive Kriminalitätslagebild beschrieben, wobei Kriminalität gewöhnlich auf Grundlage des formellen Verbrechensbegriffs (strafrechtlich) definiert wird (MEIER, B.-D. 2007: 6). Es geht insbesondere um die Identifizierung der „delinquency areas" bzw. der „sozialkranken" Gebiete (SCHWIND, H.-D. 2010: 382).

Die Basis der Kriminalitätsdarstellung (die Verteilung verschiedener Deliktarten, Täterwohnsitze und Viktimisierungsquoten) in der Region bildet dabei die Polizeiliche Kriminalstatistik (PKS) sowie Daten der Strafverfolgungsbehörden. Demzufolge handelt es sich um sog. Hellfelddaten; entsprechend um die statistisch erfasste Kriminalität (ROLFES, M. 2003: 333). Die Repräsentativität dieser Hellfeldanalyse wird insbesondere dadurch beschränkt, dass einige der verübten Straftaten nicht bekannt werden. Das Hellfeld deckt insofern nur einen kleinen Teil des Kriminalitätsaufkommens ab. Die Größe des so genannten Dunkelfeldes ist u.a. von der Art des Deliktes, dem Anzeigeverhalten der Bevölkerung, von Gesetzesänderungen oder der Intensität (bzw. Selektivität) der polizeilichen Kontrolle abhängig. Dementsprechend können begangene und erfasste Straftaten nicht in ein festes Verhältnis gesetzt werden (Bundeskriminalamt 2008: 7-8).

In einem weiteren Schritt wird, als Teil der Dunkelfeldforschung, durch Bürgerbefragungen das subjektive Sicherheitsgefühl bzw. die Kriminalitätsangst analysiert. Problematisch bei dieser Methode ist, inwiefern subjektive (Un-)Sicherheit operationalisiert werden kann. Zudem besteht die Annahme, dass bereits die Thematisierung des Sicherheitsgefühls in einem bestimmten Stadtteil verunsichernde Konsequenzen nach sich zieht. Der Aspekt „Sicherheit" würde in eine prominente Lage gebracht werden und somit an Bedeutung gewinnen, welchen er ohne die Thematisierung gar nicht gehabt hätte (ROLFES, M. 2003: 331-333).

Abschließend sollen auf lokaler oder Stadtteilebene Initiativen und Maßnahmen zur kommunalen Kriminalprävention geplant und entwickelt werden. Die Ergebnisse der Kriminologischen Regionalanalyse werden als Handlungsgrundlage bei den Strafverfolgungsbehörden und bei der Polizei genutzt und dienen als Informationsgrundlage für die kommunale Zusammenarbeit zwischen Verwaltungen, Ordnungsbehörden, Polizei sowie Trägern von Sozial- und Jugendarbeit und Kirchen. Hierbei geht die kriminalgeographische Arbeit von einem Bereich der reinen Analyse in die Anwendung über (GLASZE, G.; PÜTZ, R.; ROLFES, M. 2005: 19).

4 Kritische Betrachtungen der Kriminalgeographie

Der Begriff „Kriminalgeographie" wurde im deutschsprachigen Raum primär durch die angewandte Kriminologie und Kriminalistik geprägt. Es handelt sich insofern um „eine Geographie ohne Geographen" (GLASZE, G.; PÜTZ, R.; ROLFES, M. 2005: 13). In der Vergangenheit ergaben sich dennoch Forschungsperspektiven und kritische Fragestellungen für die Geographie, welche im Folgenden skizziert werden.

4.1 Methodik

Die Kriminalitätsbelastung wird durch die Häufigkeitszahl (Fälle pro 100.000 Einwohner) dargestellt. Diese Kenngröße zeigt im kleinräumlichen innerstädtischen Vergleich methodische Schwächen im Bezug auf die Verwertbarkeit. Zunächst wird ein Großteil der Kriminalität von außen in bestimmte Stadtteile getragen. Das Kriminalitätsbild ist demnach an Tatobjekte gebunden und spiegelt nicht das in diesem bestimmten Stadtteil wohnende Täterpotential wieder. Weiterhin treten in der Stadt tagesrhythmische Bewegungen der Wohn- und Arbeitsbevölkerung auf. Der Zufluss an Verbrauchern der im Zentrum gelegenen Gewerbeeinrichtungen, der Behörden bzw. Freizeiteinrichtungen führen zu enormen Verdichtungen, welche ebenso den Aussagegehalt von Häufigkeitszahlen beeinträchtigen (FREHSEE 1978, S.37). Zudem werden Touristen, grenzüberschreitende Berufspendler oder illegale Nichtdeutsche auf der jeweiligen Betrachtungsebene nicht in der Einwohnerzahl einbezogen. Die von diesen Personen begangenen Straftaten werden dennoch in der Polizeilichen Kriminalstatistik erfasst (Bundeskriminalamt 2008, S.14). Letztlich geht die einzelne Straftat in bevölkerungsschwachen Stadtteilen mit einem hohen Gewicht in die Statistik ein.

4.2 Das Raumverständnis in der Kriminalgeographie

Zur Kriminalität gehören Täter, in vielen Fällen auch Opfer, sowie der Raum, in dem sich eine Straftat ereignet. Der Raum ist Ausgangspunkt der Betrachtung und definiert sich durch „die besondere strukturelle und funktionelle (…) Besonderheit einer geographisch abgegrenzten Fläche von beliebiger Größe" (HEROLD, H. 1968: 203). Die Bebauungsart, die Wohn-, Arbeits- und Bevölkerungsdichte sowie administrative, wirtschaftliche und kulturelle Zusammensetzungen bilden ferner wichtige Merkmale zur Kennzeichnung des Raumes

(HEROLD, H. 1968: 203). In nahezu jeder Stadt gibt es Räume, welche aufgrund ihrer Lage, ihrer Bebauung oder aufgrund ihrer Bevölkerung von Teilen der Bevölkerung gemieden bzw. gefürchtet werden. Im Hinblick auf Zusammenhänge zwischen Raum und Kriminalität stellt sich die Frage, ob ein gewisser Raum bestimmte Formen von Kriminalität bedingt (Raum als Explanans) oder warum sich die erfasste Kriminalität in jener Art und Weise auf den Raum verteilt (Raum als Explanandum) (LUFF, J. 2004: 3).

Für die Kriminologische Regionalanalyse wurde die Variable „Raum" als „zweckdienliche Beschreibungs- und Analysekategorie für Kriminalität und Sicherheitsfragen entdeckt" (ROLFES, M. 2003: 336). Kriminologische Regionalanalysen machen deutlich, dass Kriminalität als „ortsgebunden" betrachtet und erläutert werden kann. Nach JÄGER „ermöglicht bereits die kennzeichnende Beschreibung des Untersuchungsraumes in Form einer Sozialmaske (z.B. Altersaufbau der Wohnbevölkerung, Wirtschaft, soziale Infrastruktur etc.) hypothetische Rückschlüsse auf die lokalspezifische Kriminalitätsmaske." (JÄGER 1992, zitiert nach OEVERMANN, M. et al. 2008: 7). Insofern hat Kriminalität räumlich mess- und fixierbare Ursachen und Quellen. Sozialgeographisch betrachtet liegt entsprechend das Behälter- oder Containerraum-Modell zugrunde (ROLFES, M. 2003: 332).

Bei diesem Aspekt liegt es nahe, dass es aus regionalwissenschaftlicher bzw. sozialgeographischer Sicht eine Vielzahl von Perspektiven gibt, warum Kriminologische Regionalanalysen kritisch zu betrachten sind. Mittelpunkt der kritischen Auseinandersetzung ist die Tragfähigkeit der Raumkonzepte, wie z.B. delinqunecy areas (ROLFES, M. 2003: 334). Inwiefern Tragfähigkeit bzw. Nichttragfähigkeit Kriminologischer Regionalanalysen besteht, kann anhand der folgenden Beispiele dargestellt werden.

4.2.1 Stigmatisierung von Wohngebieten

Die Polizeiliche Kriminalstatistik oder Bürgerbefragungen zur Analyse der subjektiven Sicherheitslage werden oftmals auf Stadtteil- oder Bezirksebene herunter gebrochen. Obwohl die Reduktion von Kriminalität und (Un-)Sicherheit auf eine räumliche Komponente vielfach zu stark vereinfachenden Erklärungsansätzen und Kausalzusammenhängen sowie zur Stigmatisierung von Wohngebieten führt, erfreut sich die Kriminologische Regionalanalyse weiterhin großer Beliebtheit (GLASZE, G.; PÜTZ, R.; ROLFES, M. 2005: 24).

Trotz der Raumdiskussion innerhalb der Geographie bleibt das Raumverständnis, nach welchem es Räume gibt, die an sich kriminelles Verhalten provozieren, im Schutz der Kriminologischen Regionalanalysen bestehen (ROLFES, M. 2003: 335). Anhand der Kriminologischen Regionalanalyse der Hansestadt Rostock wird das darin charakteristische Raumverständnis am folgenden Textauszug dargestellt:

> *„Der Ortsteil <u>Stadtmitte</u> ist absoluter Schwerpunkt der Kriminalität. (...) Bei den ausgewählten Rohheitsdelikten ist <u>Stadtmitte</u> fast ausschließlich auf den ersten Plätzen im Ortsvergleich. Ursächlich für die sehr hohe Kriminalitätsbelastung von <u>Stadtmitte</u> scheinen u.a. das große Vorhandensein von Kaufhäusern, Geschäften, Büros, Gaststätten und anderen kulturellen Einrichtungen zu sein, die Straftäter anziehen. Dazu kommen zeitweise hohe Menschenkonzentrationen durch Tourismus etc., die Straftaten erleichtern."* (HERRMANN, H.; JASCH, M.; RÜTZ, E. 2000: 54).

Nach ROLFES verdeutlicht dieses Zitat, dass „Stadtmitte" eindeutig als Behälterraum begriffen wird. In diesem Behälterraum befinden sich u.a. Kaufhäuser und Geschäfte, welche dem Raum als Eigenschaft oder Bestandteil zugeordnet werden. Stadtmitte enthält durch diese Eigenschaften zahlreiche Tatgelegenheiten; definiert als Attribute des Raumes (ROLFES, M. 2003: 338).

Der Raumausschnitt wird folglich mit Bedeutungen aufgeladen (Reifikation). Dazu gehört ebenfalls die Identifikation des Stadtteils mit „Kriminalität". Dass Räume jedoch nicht kriminell sind, ist unmittelbar ersichtlich. Die Eindeutigkeit von der kriminalitätsverseuchten Innenstadt ist nach BELINA, B. Ergebnis von Ideologieproduktion. Die Raumeinheit „Stadtmitte" wird als Behälterraum, ein einkreisbarer Bereich auf dem Stadtplan, aus dem Kriminelle fern gehalten sollen, behandelt (BELINA, B. 1999: 60).

Die Kritik wendet sich folglich dahingehend, dass nicht der Behälterraum „Stadtmitte, versehen mit zahlreichen Tatgelegenheiten, kriminalitätsinitiierend ist, sondern primär die mit der Innenstadt gekoppelten sozio-ökonomischen Funktionen, welche Täter anziehen oder Tatgelegenheiten bieten. Insofern sollte das Kriminalitätsaufkommen nicht durch „Stadtmitte" als Containerraum erklärt werden, sondern aufgrund der Funktion als sozialer und ökonomischer Mittelpunkt der Stadt (ROLFES, M. 2003: 338).

4.2.2 Stigmatisierung von Bevölkerungsgruppen

Kritisch zu betrachten sind die in Kriminologischen Regionalanalysen zu beobachtenden raumbezogenen und stark vereinfachenden Ursache-Wirkungs-Zusammenhänge. Der analytische Ansatz greift zu kurz, wenn die über die auf räumliche Aggregatebene erzielten Zusammenhänge zur Erklärung von Kriminalität herangezogen werden. Pauschal wird durch einen erbrachten Zusammenhang auf alle Individuen in diesen Raumeinheiten geschlossen. Insofern stigmatisiert dieser räumliche Blick die Bewohnerschaft eines Stadtteils und kann so zu sozialen und ökonomischen Ausgrenzungen führen (OEVERMANN, M. et al. 2008: 8).

Am Beispiel der Kriminologischen Regionalanalyse der Stadt Rosenheim wird nicht nur das reine Kriminalitätslagebild beschrieben, sondern es werden auch zu den untersuchten Zusammenhängen (Einwohnerdichte ↔ erfasste Kriminalität) raumbezogene Interpretationen vorgenommen:

> *„Je enger Menschen zusammenleben (müssen), desto mehr steigt ihre Bereitschaft zur Gewaltanwendung, da fehlende Rückzugsmöglichkeiten in Stresssituationen die Konfliktbereitschaft erhöhen."* (…) *„Eine „Risikogruppe" scheinen unseren Daten zufolge vor allem die Kinder von Alleinerziehenden zu sein."* (LUFF, J. 1998, zitiert in ROLFES, M. 2003: 340)

Nach diesem Zitat wird folglich die Konfliktbereitschaft durch ein zu enges Miteinander, welches durch fehlende Rückzugsmöglichkeiten Dichtestress hervorruft, erhöht. Kinder von alleinstehenden Elternteilen wären besonders gefährdet. Ungerechtfertigt werden zunächst die auf Makroebene gewonnen Feststellungen auf die Individualebene transferiert. Zudem werden die Zusammenhänge zwischen den Variablen Einwohnerdichte und erfasste Kriminalität sowie zwischen den Variablen Anteil von Kindern Alleinerziehender und erfasste Kriminalität dargelegt, ohne vermutlich intervenierende Variablen mit einzubeziehen. Insofern werden Kausalitäten in Ergebnisse interpretiert, welche möglicherweise einfach aus subjektiven Erwartungen bzw. allgemeinen Vorurteilen erfolgen. Auch in diesem Beispiel wird der Raum als unabhängige, erklärende Variable verwendet (ROLFES, M. 2003: 340).

4.3 Räumliche Ideologien in der Kriminalprävention

Kriminologische Regionalanalysen bzw. kriminalgeographische Untersuchungen gelten als wichtige empirische Basis bzw. als unverzichtbares Planungsinstrument für die Entwicklung, Optimierung und Realisierung Kommunaler Kriminalprävention, welche seit den 1990er Jahren in kriminalpolitischen Debatten eine dominante Stellung einnimmt (OEVERMANN, M. et al. 2008: 6-7).

In der jüngeren Kriminalpolitik ist festzustellen, dass zur Schaffung „sicherer Räume" viele der neuen Kontrollmaßnahmen, sowohl öffentlich als auch privat, einem territorialen Ansatz nachgehen. Dabei werden im Folgenden drei raumbezogene Strategien differenziert. Strategien der Überwachung beziehen sich auf die soziale Kontrolle in einem bestimmten Raumausschnitt, Strategien zur Einhegung richten sich an die Zugangskontrolle im Raum und Strategien der Kommunalisierung bedingen die Verlagerung der Sicherheitspolitik auf die (sub-)kommunale Ebene (Gemeinde, Stadtteil, Nachbarschaft) (GLASZE, G.; PÜTZ, R.; ROLFES, M. 2005: 13).

Ausgangspunkt jüngerer Sicherheits- und Präventionsmaßnahmen ist stets der jeweilige Raumausschnitt, dessen Nutzung reguliert wird, wie z.B. durch die Videoüberwachung öffentlicher Räume, das Aussprechen von Aufenthaltsverboten und die räumlich selektive Kontrollpraxis der Sicherheitsorgane (BELINA, B. 2005: 137).

Die Verräumlichung von Kriminalität in städtischen Teilräumen, so in den Kriminologischen Regionalanalysen dargestellt, hat das Ziel, die soziale Kontrolle zu intensivieren. Insofern wird Sicherheitspolitik immer präventiver, wobei sie im Gegensatz zur repressiven Politik nicht erst nach der Tat einsetzt, sondern bereits im Vorfeld das potentiell abweichende Verhalten zu vereiteln versucht. Kriminalpolitische Maßnahmen setzen demnach vor einer Straftat und damit unabhängig von ihr ein. BELINA, B. spricht bzgl. der aktuellen Präventionskonzepte von einer „Vorverlagerung staatlicher Politik" (BELINA, B. 1999: 60).

Die Verräumlichung von Kriminalität hat daher einen Übergang von der Disziplinar- zu einer Kontrollgesellschaft zur Folge. Während in den vergangenen Jahren auf kriminellen Handlungen Bestrafung erfolgte und die „Disziplinierung delinquenter Individuen" und „gefährlicher Klassen" im Vordergrund stand, setzt die Politik derzeitig auf die Kontrolle „gefährlicher Räume". Der Unterschied zwischen diesen Verfahren besteht insofern darin, dass die konkrete Tat zumeist sinnlich erfahrbar ist, während der „kriminelle Raum" einer völligen Abstraktion entspricht (BELINA, B. 2000: 130).

Zur Durchsetzung räumlicher Kontrollmaßnahmen ist es entsprechend unabdingbar „Kriminalität" als räumliches Phänomen zu betrachten. Es ist also notwendig, dass Raumausschnitte kriminalisiert werden.

Anhand der Ergebnisse, welche aus der Kriminologischen Regionalanalyse der Hansestadt Rostock gewonnen wurden, wäre Kommunale Kriminalprävention auf Quartier- oder Stadtteilebene wenig sinnvoll. Jene Zusammenhänge, welche zwischen der sozio-ökonomischen Ausstattung von „Stadtmitte" und dem Kriminalitätsaufkommen hervorgehoben wurden, wirken zu pauschal, um effektive Eingriffe zu ermöglichen. Zudem versperrt die „räumliche Brille" den Blick auf die Komplexität von Kriminalität, nämlich das sozio- ökonomisch oder psychologisch bedingte Ursache-Wirkungsgefüge von Kriminalität. Insofern scheint es kaum sinnvoll, Kriminalprävention im Gießkannenprinzip über sämtliche Stadtteile zu verteilen. Es sind konkretere Ansatzpunkte gefragt, die kriminalgeographische Arbeiten kaum bieten (ROLFES, M. 2003: 338).

4.3.1 Das Aussprechen von Betretungsverboten

Seit den 1990er Jahren sind Betretungsverbote in Deutschland ein beliebtes Instrument ordnungspolitischer Maßnahmen. Bestimmten Personen wie z.B. Rauschgiftkonsumenten und -händlern (ein bloßer Verdacht reicht) wird entsprechend für einen Zeitraum von bis zu sechs Monaten verboten, den jeweiligen Stadtteil zu betreten. Im extremsten Fall, wie z.B. im Hamburger Stadtteil St. Georg gilt das Verbot unabhängig davon, ob der Betroffene im jeweiligen Stadtteil wohnt bzw. zur Arbeit geht.

In den Ergebnissen einer Bürgerbefragung und der Kriminologischen Regionalanalyse der Polizei in Hamburg wurden Bettelei und die Drogenszene mit Hundekot, Müll und Graffiti gleichgestellt und als zu bekämpfende Erscheinung festgestellt. Diese Gleichstellung deutet darauf hin, dass es die bloße Erscheinung ist, welche die Bürger an Bettlern und Junkies bemängeln. Insofern wird vom Individuum abstrahiert, d.h. wessen Erscheinung nicht angenehm ist, muss den Behälterraum St. Georg verlassen (BELINA, B. 1999: 61).

In diesem Beispiel steht der zunächst festgelegte Raumausschnitt am Anfang einer präventiven Maßnahme, dessen sich die Vertreibung der visuell Störenden anschließt (BELINA, B. 1999: 63). Im Vordergrund dieser kriminalpolitischen Maßnahme steht folglich nicht die Bestrafung oder Besserung des (vermuteten) Kleindealers oder Drogenkonsumentens, sondern die „soziale Säuberung" des jeweiligen Stadtteils (BELINA, B. 2005: 140). Bei dieser Präventionsmaßnahme geht es folglich um Individuen, welche von der gesellschaftlichen Norm abweichen. Der sog. „Delinquent unterscheidet sich vom Rechtsbrecher dadurch, dass weniger seine Tat, sondern sein Leben für seine Charakterisierung entscheidend ist" (BELINA, B. 1999: 61). Gesellschaftliche Gruppen werden insofern in gefährliche und ungefährliche, in gute und schlechte Bürger unterschieden, was demnach sowohl eine Diskriminierung als auch eine Stigmatisierung zur Folge hat. Personengruppen, die sowieso schon am Rand der Gesellschaft stehen (Ausländer, Obdachlose oder Punks), werden noch mehr ausgegrenzt (SCHREIBER, V. 2005: 81).

Mehr noch als jene Personengruppen steht in dieser Betrachtung die Depersonalisierung des Verdachtes im Mittelpunkt, d.h. das nicht die Kontrolle von Personen, sondern die des Raumes im Vordergrund steht. Kriminalität wird insofern immer abstrakter. Im Fokus der Sicherheitspolitik steht nicht die Tat oder der Kriminelle, sondern der abstrakte Raum (BELINA, B. 1999: 61).

4.3.2 Videoüberwachung zur Konstruktion sicherer Räume

Weniger direkt als die Betretungsverbote ist die Videoüberwachung bestimmter Bereiche. Videoüberwachung wird gegenwärtig an sog. „Kriminalitätsschwerpunkten" gefordert bzw. eigesetzt. Kritisch dabei zu betrachten ist, dass bereits oftmals die Auswahl von zu überwachenden Räumen von Vorurteilen und politischen Entscheidungen beeinflusst wird.

Insofern kann Videoüberwachung oftmals als interessengeleitetes Mittel zur Konstruktion „sicherer Räume" betrachtet werden (FIENE, T. 2008: 8).

Die Videoüberwachung zeigt mit ihrem panoptischen System präventive Effekte bei Zugang und Nutzung des jeweiligen Raumausschnittes. Allerdings unterliegen alle Personen im überwachten Bereich einer ständigen Beobachtung, sodass sich die Nutzer des Raumes sowohl an die formellen als auch an die informellen Regeln, die im jeweiligen Raum herrschen oder die sie dort vermuten, anpassen. Die Kritik wendet sich infolgedessen dahingehend, dass durch den permanenten Sichtbarkeitszustand eine „weit über kriminalisierbare Verhaltensweisen hinausgehende präventive Wirkung" einsetzt (BELINA, B. 2005: 139). Gemeint ist damit, dass Verhaltensweisen im strafrechtlichen Vorfeld (z.B. Betteln) reguliert werden.

Städtebauliche Gestaltung, welche verstärkt von kriminalpräventiven Maßnahmen geleitet wird, wie z.B. durch die technische Überwachung, können letztlich in eine „Architecture of fear" resultieren und schließlich den Verlust des öffentlichen Raumes bedeuten (SCHREIBER, V 2005: 81).

5 Fazit

Kriminalität und Kriminalisierung sowie Raum und Räumlichkeit ergeben sich durch soziale Konstruktion bzw. Produktion. Der Raum ist weder rein physisch-materiell als Container- oder Behälterraum zu verstehen, noch kann Kriminalität als etwas Ontisches bezeichnet werden. Insbesondere die seit den 1990er Jahren gepriesene Kriminalgeographie ist gekennzeichnet durch eine starke Ursachenorientierung und durch das alltagssprachliche Raumverständnis, bei dem sich die Welt in Staaten, Regionen und Stadtvierteln gliedert und jenen Einheiten eine bestimmte Bedeutung zugeordnet wird (z.B. Angstraum, Kriminalitätsschwerpunkt).

Das Aufkommen von Kriminalität wird folglich auf einer aggregierten Grundlage beschrieben und analysiert, wobei administrative Demarkationen verwendet werden. Im Mittelpunkt kriminalgeographischer Betrachtungen steht insofern der Raum bzw. die signifikanten Merkmale von Räumlichkeiten (sozial, ökonomisch oder physisch), bei denen die Wahrscheinlichkeit hoch ist, Straftaten oder ähnliche Handlungen durchzuführen. Der Raum mit seinen jeweiligen Ausstattungen wird zu einer Variablen, welche Kriminalität zu erklären versucht. Kriminalität, als Eigenschaft eines Stadtteils, lässt den Raumausschnitt zu einem kriminogenen Gegenstand werden.

Gegenwärtig richtet sich die Aufmerksamkeit auch an das Sicherheitsempfinden bzw. an die Kriminalitätsfurcht im öffentlichen Raum. Dieser Zusammenhang von Kriminalität und Raum, welcher z.B. zur Etablierung des Bildes von der kriminalitätsverseuchten Innenstadt beiträgt, wurde in der Arbeit kritisch betrachtet.

In der kriminologischen Regionalanalyse sowie bei der sich anschließenden Kommunalen Kriminalprävention greift die räumliche Erklärungsperspektive zu kurz, denn Kriminalität wird primär sozial und ökonomisch bedingt und sollte somit aus dieser Perspektive erklärt und „behandelt" werden. Der Raum an sich könnte in diesem Fall als Erklärungshintergrund hilfreich sein, um die sich dahinter befindenden sozialen Ursachen von Kriminalität besser zu identifizieren und somit Interventionsmaßnahmen effektiver zu entwickeln und umzusetzen.

6 Literaturverzeichnis

BELINA, B. (1999): Kriminelle Räume- zur Produktion räumlicher Ideologien. In: Geographica Helvetica 54 (1), S.59- 66.

BELINA, B. (2000): „Kriminalität" und „Raum". Zur Kritik der Kriminalgeographie und zur Produktion des Raums. In: Kriminologisches Journal 32(2). S. 129-147.

BELINA, B. (2007): Zur Kritik von Kriminalgeographie und Kriminalitätskartierung … und warum deren heutige Bemühungen noch hinter Quetelet zurückfallen. In: TZSCHASCHEL, S.; WILD, H.; LENTZ, S. (Hrsg.): Visualisierungen des Raumes. Karten machen – die Macht der Karten. Leibniz-Institut für Länderkunde (Leipzig). S. 241-255.

Bundeskriminalamt (2008): Polizeiliche Kriminalstatistik 2008 Bundesrepublik Deutschland <http://www.bka.de/pks/pks2008/download/pks-jb_2008_bka.pdf> eingesehen am 17.03.2011

FELTES, T. (2010): Kriminologisches Lexikon Online. Kriminalgeographie <http://www.krimlex.de/artikel.php?BUCHSTABE=&KL_ID=103> eingesehen am 07.02.2011

FIENE, T. 2008: Alles im Blick? Videoüberwachung als Mittel zur Konstruktion von Sicherheit. In: Praxis Geographie (12): 8-9.

FREHSEE, Detlev (1979): Strukturbedingungen urbaner Kriminalität- Eine Kriminalgeographie der Stadt Kiel unter besonderer Berücksichtigung der Jugendkriminalität. Verlag Otto Schwartz & Co: Göttingen.

GLASZE, G.; PÜTZ, R.; ROLFES, M. (2005): Die Verräumlichung von (Un-)Sicherheit, Kriminalität und Sicherheitspolitiken. Herausforderungen einer Kritischen Kriminalgeographie. In: GLASZE, G.; PÜTZ, R.; ROLFES, M. (Hg.): Diskurs, Stadt, Kriminalität. Städtische Unsicherheiten aus der Perspektive von Stadtforschung und Kritischer Kriminalgeographie. Bielefeld, S. 13-58.

HERMANN, H.; JASCH, M.; RÜTZ E.-M. (2000): Analyse der polizeilichen Kriminalstatistik und eine Befragung der Rostocker Bevölkerung 1999: Rostock.

HEROLD, H. (1968): Kriminalgeographie- Ermittlung und Untersuchung der Beziehungen zwischen Raum und Kriminalität. In: Grundlagen der Kriminalistik. Band 4. Steintor-Verlag: Hamburg.

KASPERZAK, T. (2000): Stadtstruktur, Kriminalitätsbelastung und Verbrechensfurcht. Darstellung, Analyse und Kritik verbrechensvorbeugender Maßnahmen im Sapnnungsfeld kriminalgeographischer Erkenntnisse und bauplanerischer Praxis. Holzkrichen (Empirische Polizeiforschung 14).

LUFF, J. (2004): Kriminologische Regionalanalysen. In: KERNER, H.-J.; MARKS, E. (Hrsg.): Internetdokumentation Deutscher Präventionstag. Hannover. http://www.praeventionstag.de/html/GetDokumentation.cms?XID=69, eingesehen am 09.02.2011

MEIER, B.-D. (2007): Kriminologie. München.

OEVERMANN, M. et al. (2008): Kriminologische Regionalanalyse Osnabrück 2002/2003. Osnabrück.

ROLFES, M. (2003): Sicherheit und Kriminalität in deutschen Städten. Über die Schwierigkeiten, ein soziales Phänomen räumlich zu fixieren. In: Bericht zur deutschen Landeskunde 77 (4), S.329-348.

ROLFES, M. (2008): (Un-)Sicherheit, Risiko und Stadt. In: Praxis Geographie (12): 4-7.

SCHREIBER, V. (2005): Regionalisierungen von Unsicherheit in der Kommunalen Kriminalprävention. In: GLASZE, G.; PÜTZ, R.; ROLFES, M. (Hg.): Diskurs, Stadt, Kriminalität. Städtische Unsicherheiten aus der Perspektive von Stadtforschung und Kritischer Kriminalgeographie. Bielefeld, S. 59-103.

SCHWIND, H.-D. (2010): Kriminologie- Eine praxisorientierte Einführung mit Beispielen. Heidelberg.

Universität Hamburg (o.J.): Kriminalgeographie
<http://www.kriminologie.uni-hamburg.de/papers/Kriminalgeographie.pdf>
eingesehen am 07.02.2011